家居新宠

——绚丽多彩积水凤梨

黄福贵　任全进　李兆文　主编

化学工业出版社

·北京·

《家居新宠——绚丽多彩积水凤梨》由相关专业老师根据多年热带植物引进、繁育的实践经验编写而成。本书主要从积水凤梨的基本特点、分布范围、原产地、栽培与繁殖要点、净化室内环境、生态环保、室内美化、雨林缸的材料和制作要点、实例赏析等方面进行详细介绍，并配有几百张清晰的彩色图片，全书内容言简意赅，通俗易懂。

《家居新宠——绚丽多彩积水凤梨》可供园艺植物爱好者和农林院校园林、园艺、植物学等相关专业师生参考，也可作为花卉爱好者尤其是热带雨林植物爱好者的参考用书。

图书在版编目（CIP）数据

家居新宠：绚丽多彩积水凤梨 / 黄福贵，任全进，李兆文主编．—北京：化学工业出版社，2019.6
ISBN 978-7-122-34147-1

Ⅰ．①家…　Ⅱ．①黄…　②任…　③李…　Ⅲ．①菠萝-果树园艺　Ⅳ．① S668.3

中国版本图书馆 CIP 数据核字（2019）第 052901 号

责任编辑：尤彩霞　　　　装帧设计：霸州市顺浩图文科技发展有限公司
责任校对：王　静　　　　封面设计：关　飞

出版发行：化学工业出版社（北京市东城区青年湖南街 13 号　邮政编码 100011）
印　　装：北京东方宝隆印刷有限公司
787mm×1092mm　1/16　印张 6　字数 119 千字　2019 年 7 月北京第 1 版第 1 次印刷

购书咨询：010-64518888　　售后服务：010-64518899
网　　址：http://www.cip.com.cn
凡购买本书，如有缺损质量问题，本社销售中心负责调换。

定　　价：39.00 元

《家居新宠——绚丽多彩积水凤梨》
编写人员

主　编　黄福贵　任全进　李兆文

副主编　张灵丁

参　编（按姓氏拼音排序）

Keerati Charoenkit（泰国）

费浩靓　黄开明　黄民生

黄明强　蒋　波　金　钟

李新峰　刘国明　刘鹏根

倪金泳　王明明　王文建

王志鹏　卫光伟　文香英

赵盈盈

前　言

积水凤梨，作为凤梨科植物中不可或缺的一大观赏植物类群，以适应性强、品种丰富、色彩斑斓等独特魅力，吸引了越来越多的园林花卉爱好者。

相较于大多数凤梨科植物，积水凤梨能适应更热或更冷的温度，也能在更低的湿度或更强光照的环境中生存。而其最显耀的特征是它们如万花筒般多变的颜色以及由植物本身叶子所形成的匀称的同心圆植株形态。积水凤梨的花序并不大，但那如杯子状的叶中心开出的无数明亮颜色的小花，也极具观赏性。在造景布置时，群落片植或者种植三到五丛不同颜色的积水凤梨进行点缀，既增添新趣，又可以映衬出不同品种积水凤梨彼此的色彩；而在强光的照射下，它们的叶子常常呈现异常绚丽的颜色，极具美感。因此，人们运用它们能把露台、庭园或者园林大区域装点得很美妙。

积水凤梨是真正的懒人植物，在简单的养护下，它们的叶子可以保持全年亮丽多彩。在缺乏光线照射下，它们也许会失去某些颜色，但它们美妙的形状和对称的叶形也令人赏心悦目。它们的繁殖方式也简单：在开完花之后，植株长出侧芽，当长出四五片成熟叶子时，就可以进行分株繁殖。

虽然积水凤梨凭借着多样的魅力吸引了世界各地的植物爱好者或者园林设计者，但由于缺乏相关专业资料，依然还有很多朋友并不了解它们。希望《家居新宠——绚丽多彩积水凤梨》的出版能给广大的爱好者以及热爱自然的朋友们带来一些帮助，让我们一起去了解积水凤梨的一些品种，了解大自然给我们创造的美丽事物，也让积水凤梨在我国得到更大的推广，把美丽带给千家万户。

目前，积水凤梨的市场普及面相对较小，大部分种及品种还没有正式的中文命名，因此，本书介绍的积水凤梨属以下的种、品种名称大部分采用拉丁名。市场上买卖积水凤梨时，主要是以颜色、斑纹、株型大小来区分种类及定价，对积水凤梨知识有深入研究的爱好者和卖家偶尔会使用拉丁名交流。

因编者学识有限，难免有疏漏和不妥之处，敬请各位读者海涵和斧正。

编者

2019 年 5 月

目录 contents

第1章 积水凤梨介绍

1.1 积水凤梨概述

积水凤梨指凤梨科（Bromeliaceae）、积水凤梨亚科（Bromelioideae）的一类植物，其通常为生长在热带雨林中的附生型植物，颜色造型和生态习性变化多样，颠覆了人们对凤梨的一般印象，是一种极为奇特的植物。目前市场上常见的属有松毬凤梨属（*Acanthostachys*）、蜻蜓凤梨属（*Aechmea*）、帝王凤梨属（*Alcantarea*）、食用凤梨属（*Ananas*）、鳞蕊凤梨属（*Androlepis*）、多穗凤梨属（*Araeococcus*）、水塔花凤梨属（*Billbergia*）、模式凤梨属（*Bromelia*）、拟心花凤梨属（*Canistropsis*）、心花凤梨属（*Canistrum*）、绒叶凤梨属（*Cryptanthus*）、戴氏凤梨属（*Deinacanthon*）、卧花凤梨属（*Disteganthus*）、埃氏凤梨属（*Edmundoa*）、束花凤梨属（*Fascicularia*）、费氏凤梨属（*Fernseea*）、头花凤梨属（*Greigia*）、球花凤梨属（*Hohenbergia*）、拟球花凤梨属（*Hohenbergiopsis*）、麦穗凤梨属（*Lymania*）、芦状凤梨属（*Neoglaziovia*）、五彩凤梨属（*Neoregelia*）、鸟巢凤梨属（*Nidularium*）、奥卡凤梨属（*Ochagavia*）、莪萝凤梨属（*Orthophytum*）、星果凤梨属（*Portea*）、拟蜻蜓凤梨属（*Pseudaechmea*）、拟凤梨属（*Pseudananas*）、魁氏凤梨属（*Quesnelia*）、伦贝凤梨属（*Ronnbergia*）、尔苏凤梨属（*Ursulaea*）、莺歌凤梨属（*Vriesea*）、韦氏凤梨属（*Wittrockia*）等三十多个属。

1.1.1 积水凤梨的形态特征

在积水凤梨亚科这个大家族里，其属种众多，共33属800余种。积水凤梨大多数具有螺旋状分布的叶片，叶片边缘通常具棘刺，其名字即来源于中央叶片自然形成的碗状空间能够积聚雨水这一特性。这是叶片的生长点，也是所开花朵的出花点。由于叶片包围密实，可以保持水分长时间不会流失，在广大的热带雨林中，为蛙类等生物提供日常所需要的水分，刚好适合蛙类栖息及产卵，这些蛙类的后代因此也有了良好的生存空间。

积水凤梨果实通常为浆果，主要由鸟兽散播种子。

1.1.2 积水凤梨的原产地及分布范围

积水凤梨为热带雨林中的附生植物，它们原分布于中南美洲潮湿的森林，如今随着商业应用和爱好者的推广，逐渐扩散到世界各地。

1.1.3 积水凤梨的栽培与繁殖

1.1.3.1 栽培基质

积水凤梨可适应大多数混杂的栽培基质，一般只要排水性好、pH 5.5 ～ 6.0 的基质都可以用。还可添加树皮、珍珠石、蛭石、发泡炼石等介质，增加基质的透气性及排水性。栽培基质通常建议以碎树皮、蛇木屑和珍珠石的平均混合最为恰当，该搭配排水性佳，可以避免植株芯部与根部腐烂。

积水凤梨栽培常用基质如图 1-1-3-1、图 1-1-3-2 所示。

图 1-1-3-1　颗粒状椰壳

图 1-1-3-2　椰糠 + 珍珠岩（比例 8 ： 2）

1.1.3.2 种植简述

积水凤梨适应性相对较强，但作为热带雨林气候植物，不建议直接曝晒于阳光下，也避免过低温度给其带来霜害、冻伤。如其种植于环境干燥的室外，就需要半遮阴及充足的给水。当积水凤梨因缺水而叶缘卷缩时，可将整株植物浸入水中 8 ～ 10 小时补足水分。如种植于较封闭的室内，则要给予相对充足的光线，使其叶中心保持有一些干净的积水。至于栽培土壤或栽培基质供水的要求，则数天浇一次即可，土壤或基质不要一直处于潮湿状态。

1.1.3.3 繁殖与育种

积水凤梨的根通常是气生根，积水凤梨不仅利用气生根吸收水分和养分，同时还借助气生根来固定植株。多数积水凤梨从幼株到成熟开花通常都需要 1 年以上的时间，且终生只开花一次，因此，该类植物以观叶为主，在人工培育方面也是倾向于选育叶片美观、色彩丰富的品种。由于积水凤梨叶片通常由植株的中心长出，而成年之后花梗也是由植株的中心长出，故而积水凤梨在开花之后就不会再重新发育出新的叶片，整棵母株也不会再进行发育生长，母株会慢慢衰败枯死，根颈部会萌发出新的侧芽，当侧芽长度长到母株株高的 1/2 尺寸时，就可以剪下侧芽，等侧芽的切口风干之后就可以进行扦插繁殖了。人工杂交则是通过人工授粉来培育新品种。

五彩凤梨属种子见图 1-1-3-3。

图 1-1-3-3　五彩凤梨属的种子

1.1.3.4　组织培养

（1）外植体的选择

以五彩凤梨属 *Neoregelia magdalenae* 为母本，以母株基部长出的健壮侧芽作为外植体，取 3 厘米左右的茎上段，将叶剥离干净，用流水冲洗干净。

（2）消毒处理

用 75% 的酒精在超净工作台上消毒 13 ～ 15 秒钟，用蒸馏水冲洗 10 次，然后用 0.1% 升汞溶液消毒 5 分钟，再用蒸馏水冲洗 6 ～ 8 次。最后用解剖刀将材料切成 5 ～ 6 段，即 0.5 ～ 0.6 厘米长的小段，接种于诱导培养基中。

（3）培养基调配与培养条件

① 培养基　ms+6-BA 0.3 ～ 0.4 毫克 / 升 +NAA 0.2 ～ 0.3 毫克 / 升 + 活性炭 0.5 克 / 升 + 蔗糖 30 克 / 升 + 琼脂 6 克 / 升，pH 5.8。

② 增殖培养基　ms+6-BA3 毫克 / 升 +NAA0.1 毫克 / 升 + 蔗糖 32 克 / 升 + 琼脂 6 克 / 升，pH 5.8。

③ 生根培养基　ms+IBA 1 毫克 / 升 + 蔗糖 32 克 / 升 + 琼脂 6 克 / 升，pH 5.8。

④ 培养条件　温度 24 ～ 28℃，每日光照 10 ～ 12 小时，光照强度 1600 勒克斯左右。

经过 45 天左右的诱导培养后，长出的芽约 1 厘米长，这时就可以将长出的新芽切下接种于增殖培养基中，从而不断增殖，获得大量增殖芽苗。

（4）生根培养与移栽

当增殖芽苗长到 2 厘米左右时，将其转入到生根培养基中培养，培养一个月左右即可生根，生根后即可移栽。移栽前打开瓶苗的瓶盖，在室内炼苗 3 ～ 5 天。取出小苗后，洗净培养基，移栽到育苗盘中，育苗基质一般采用 80% 草炭（或椰糠）+20% 珍珠岩。栽植后将基质浇透水，遮阴保湿，环境温度保持在 24℃左右。

1.1.4　积水凤梨常见死亡原因及预防

1.1.4.1　软腐病

积水凤梨常见的病害是软腐病，常导致其叶心腐烂甚至死亡，这种死亡通常是因为长时间堆放发热或积水引起的。

预防方法：避免种苗堆放过久，特别是远途运输过程中应尽量减少堆放时间，以免因高温、高湿或不透气致发热伤苗。运到目的地后即刻摊开，晾晒 1 ～ 2 天后再种植，同时，要避免雨天种植，注意深耕浅种。若室温低于 15℃，不仅要控制浇水，而且其叶筒内也不宜过多注水。

具体注意事项：

① 环境控制　要通风透气，光线要充足。发病时要严格控水，及时去除有病的病叶、

病株，同时要避免由上而下喷水。

② 药剂处理　一般的农药对软腐病无效，所以一旦发病只能抛弃病株，因此主要是采取预防措施。用 40% 钢快得宁 400 倍液喷洒效果不错。也可以用 68.8% 多保链微素或 18.8% 链微素 1000 倍液，每隔 7 ～ 10 天喷洒 1 次，连续喷洒 3 ～ 4 次。这几种药品可轮流交换使用，以免植株产生耐药性。

1.1.4.2　积水凤梨叶片发黄常见原因及预防措施

植物生长有几个要素：光、温、水、气、土（如今土已引申至土壤、肥料等营养物质）。积水凤梨在其生长过程中，也不可避免地需要这五个要素。如果其叶片发黄，很有可能就是这五个要素的缺失或者不均衡。

① 浇水

a. 浇水过多：因积水凤梨是附生型的半阴性植物，故而很多种植者误以为浇水要勤。然而，如果浇水过多，会导致土层缺氧，引发植株的根部损伤乃至腐烂，从而无法进行正常的呼吸作用和养分吸收，这是引起叶片变黄的原因之一。这种情况下，嫩叶先变成淡黄色，继而老叶也逐渐发黄。如发现该情况，应立即控制浇水，暂停施肥，并经常松土，使土壤通气良好。

b. 浇水过少：除了浇水过多外，浇水过少也会导致其干旱脱水，从而影响养分吸收，也易引起叶色暗淡无光泽，叶片萎蔫下垂。先是下部老叶老化，并逐渐由下向上枯黄脱落。此时需少量浇水并喷水，使其逐渐复原后再转入正常浇水。

② 肥料　长期没有施氨肥或未换盆换土，从而导致土壤中营养元素缺失，易引发植株枝叶瘦弱、叶薄而黄等情况。此时应及时倒盆，换入新的疏松肥沃的培养土，并逐渐增施稀薄腐熟液肥或复合花肥。而如果施肥过量，也容易出现新叶肥厚、老叶焦黄的状态，此时应立即停止施肥，增加浇水量，使过剩的肥料排出，或立即更替种植土。

③ 光照和温度　因积水凤梨为半阴性植物，在高温时如果强光直晒植株，极易引起其幼叶的叶尖和叶缘枯焦，或叶黄脱落。此时需及时移至通风阴凉处或进行遮阴。也不能在高温时直接浇水，这样极易引起植株叶片蒸腾作用过盛或灼伤而受损。而在冬季较为冷寒的环境下，也要注意调节其环境温度，避免受到寒害而导致叶片发黄，严重时甚至枯黄而死。

④ 通风　当枝叶长得较为茂盛，且种植环境较不通风时，容易引发细菌性病害或害虫侵害，应合理修剪，并使之通风透光。当种植环境过分干燥时，可能引发叶尖干枯或叶缘焦枯等现象，可以适当喷水增加空气湿度。

⑤ 强性刺激　防治病虫害时使用农药浓度过大，或者受到大气中有毒气体污染，均易引起植株叶尖或叶面局部发黄焦枯，甚至全株枯死。因此应注意合理使用农药，设法排除空气污染源。

1.1.4.3　积水凤梨由多彩转绿的原因

积水凤梨的观赏性很大一部分在于它绚丽多彩的颜色，然而，有的花卉爱好者在种植一段时间后，发现植株逐渐变成通体绿色，影响了其观赏性。那么，引发积水凤梨由多彩转绿的原因是什么呢？笔者通过种植观察，发现主要有以下几点原因。

① 光照不足　积水凤梨虽然适应性强，但光照不足很容易引起叶片的失色，在这种情况下可以试着多晒太阳，但不能暴晒，否则容易损伤。

② 温度过低　积水凤梨适宜生长温度区间是 15 ～ 30℃，如较长时间温度过低的话，叶片颜色可能也会发生变化。建议置于光照充足且温暖的地方。

③ 根部积水导致生长情况不良　如是这个情况，应及时处理积水，并相应减少浇水。否则如果根部损伤严重，有可能引发植株永久性的衰弱甚至死亡。

1.2　积水凤梨的价值

① 积水凤梨有“一物多用”的功能，它既能增加室内空气湿度，又能净化室内空气，如会释放氧气，吸收二氧化碳，有助于改善人们的身心健康和睡眠。

② 积水凤梨还是动植物科学家们保护、研究热带雨林动植物的重要工具，特别是一些濒临灭绝的蛙类，例如积水凤梨的叶心会构成一个“小水池”，雨林地带的箭毒蛙等蛙类就是借助这个“小水池”来养育小蝌蚪。

③ 积水凤梨绚丽多彩的姿色，备受人们青睐，因而目前在市场上销售火爆。

④ 积水凤梨易栽植的习性、多姿的形态和多样的色彩更是雨林造景不可或缺的一部分。

第2章 常见积水凤梨种类图鉴

2.1 蜻蜓凤梨属

蜻蜓凤梨属（*Aechmea*）又称美叶光萼荷属，多年生常绿草本植物，全属约有 30 种。花柱状，高 15 ～ 20 厘米，密集的小花起初蓝色，后逐渐转变为玫红色，犹如蜻蜓，观赏期可达数月。原产于热带美洲。

常见的蜻蜓凤梨属积水凤梨如图 2-1-1 ～图 2-1-6 所示。

图 2-1-1　*Aechmea correia araujoi*

图 2-1-2　红色背心 *Aechmea valencia*

图 2-1-3　美叶光萼荷 *Aechmea fasciata*

图 2-1-4　*Aechmea pineliana*

图 2-1-5　松塔 *Aechmea pineliana* var *minuta*

图 2-1-6 *Aechmea* sp.

2.2 帝王凤梨属

帝王凤梨属（*Alcantarea*）是凤梨科里体积最大的积水凤梨，多年生常绿草本植物，株高可达 1.5 米。叶互生，莲座式排列，单叶，全缘。基部鞘状。花序顶生，圆锥花序，花期较长，从 3 月份至 11 月份陆续开花，开花后，植株会逐渐衰亡。原产于南美洲的巴西等地。

常见的帝王凤梨属积水凤梨如图 2-2-1、图 2-2-2 所示。

图 2-2-1　帝王 *Androlaechmea dean*（1）

图 2-2-2　帝王 *Androlaechmea dean*（2）

2.3 鳞蕊凤梨属

鳞蕊凤梨属（*Androlepis*），多年生常绿草本植物，该属植株的主要特点是叶狭长，莲座式排列，全缘或有细齿；花茎短，具叶，顶有一稠密、球果状的穗状花序，花期较长，从 3 月份至 11 月份陆续开花，原产于热带美洲。

常见的鳞蕊凤梨属积水凤梨如图 2-3-1 所示。

图 2-3-1　*Androlepis skinneri*

2.4 水塔花凤梨属

水塔花凤梨属（*Billbergia*）又称筒状凤梨属，多年生常绿草本植物，全属有 60 ～ 70 种，原产于热带美洲。该属大多数是附生类型，少数为地生类型。茎极短，叶狭长，呈剑形，排列成管状莲座形，背常有粉被。

常见的水塔花凤梨属（*Billbergia hybrid*）积水凤梨如图 2-4-1 ～图 2-4-4 所示。

图 2-4-1　*Billbergia yaya*

图 2-4-2　*Billbergia* 'Muriel Waterman'

图 2-4-3　*Billbergia pyramidalis*

图 2-4-4　*Billbergia* Strawberry Cream（1）

水塔花凤梨属（*Billbergia chantinii*）积水凤梨如图 2-4-5 ～图 2-4-9 所示。

图 2-4-5　*Billbergia* Strawberry Cream（2）

图 2-4-6　*Aechmea chantinii*

图 2-4-7　*Aechmea chantinii hybrid*

图 2-4-8 *Aechmea chantinii roberto menesca*

图 2-4-9 *Aechmea chantinii vista*

2.5　五彩凤梨属

五彩凤梨属（*Neoregelia*）又称彩叶凤梨属、斑纹凤梨属、唇凤梨属、赪凤梨属、红背凤梨属、胭脂凤梨属、西洋万年青属，为多年生常绿草本植物，全属有 50 ～ 60 种，原产于热带美洲。大多数是附生型植物。该属的积水凤梨大多为扁平莲座丛状株型，其叶色变化丰富多彩，特别是开花时中心叶片会变成艳红色，观赏性极高，是十分优秀的观叶植物。花茎短，总状花序在叶筒水面附近开放，小花密集，呈蓝、紫或白色，犹如一株小型水生植物，花期较长，从 3 月份至 11 月份陆续开花。观赏价值很高。五彩凤梨属是积水凤梨中种类最多的一个属，更多常见的五彩凤梨图片见附录。

常见的五彩凤梨属积水凤梨如图 2-5-1 ～图 2-5-18 所示。

图 2-5-1　*Neoregelia angustifolium*

图 2-5-2　*Neoregelia campos-portoi*

图 2-5-3　*Neoregelia caroline*

图 2-5-4　*Neoregelia cruenta*

图 2-5-5　红鞭炮 *Neoregelia Firecracker*

图 2-5-6　*Neoregelia maculata*

图 2-5-7　*Neoregelia passion*

图 2-5-8　*Neoregelia round pink*

图 2-5-9　*Neoregelia round purple*

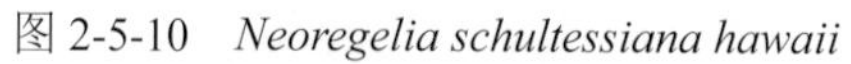

图 2-5-10　*Neoregelia schultessiana hawaii*

图 2-5-11　露娜拉 *Neoregelia rnela*

图 2-5-12　马丁 *Neoregelia martin*

图 2-5-13　*Neoregelia hybrid*

图 2-5-14　*Neoregelia hybrid*

图 2-5-15　*Neoregelia hybrid*

图 2-5-16　*Neoregelia hybrid*

图 2-5-17　*Neoregelia hybrid*

图 2-5-18　*Neoregelia hybrid*

2.6 莪萝凤梨属

莪萝凤梨属（*Orthophytum*），多年生常绿草本植物，全属约 20 种，原产于热带美洲。大多数是附生型植物。该属的积水凤梨大多叶形细长，叶缘具齿，叶色多彩，是观赏价值很高的观叶植物。

常见的莪萝凤梨属积水凤梨如图 2-6-1 所示。

图 2-6-1　*Orthophytum Galactic Warrior*

2.7 魁氏凤梨属

魁氏凤梨属（*Quesnelia*），多年生常绿草本植物，全属 30 ～ 40 种，原产于热带美洲。大多数为附生型植物。该属的积水凤梨大多叶形直立，叶端反卷，叶色多彩，具条纹或斑点，是叶形比较独特的观叶植物。

常见的魁氏凤梨属积水凤梨如图 2-7-1 所示。

图 2-7-1　*Quesnelia marmorata*

2.8　莺歌凤梨属

莺歌凤梨属（*Vriesea*）又称莺哥凤梨属、鹦鹉凤梨属、花叶凤梨属、丽穗凤梨属、鹦哥凤梨属、花叶兰属、斑氏凤梨属、弗里西凤梨属、剑凤梨属，该属名是为了纪念荷兰植物学家 Willem Hendrink de Vriese 而得名。为多年生常绿草本植物，全属有 200 多种，原产于中南美洲，大多数是附生型植物。

莺歌凤梨属的花苞色彩艳丽，花序长 10~15 厘米，犹如一只火炬，比其他属的凤梨更有观赏价值，花期较长，从 3 月份至 11 月份陆续开花。斑叶品种的叶，色彩鲜艳明亮，并布有彩色斑纹，是观赏价值极高的观叶植物。

常见的莺歌凤梨属积水凤梨如图 2-8-1 ～图 2-8-4 所示。

图 2-8-1　*Vriesea warmingii*

图 2-8-2　*Vriesea reitzii*

图 2-8-3　*Vriesea arachnoidea*

图 2-8-4　*Vriesea hybrid*

第3章 积水凤梨与雨林缸

3.1 积水凤梨在雨林缸造景中的作用

积水凤梨是雨林植物的典型代表，它们不仅色彩艳丽无比，而且习性较强，很好养护，养出一定株形状态的植株可以与其他开花植物的花朵姿色媲美，而且种植时不需要太多的基质，也可附生在枯木上。积水凤梨因其颜色出众，在雨林缸造景中，通常作为主要的造景材料，能将整个缸景的色彩、造型、档次提升很多。

3.2 雨林缸造景

3.2.1 雨林缸简介

雨林缸是用热带雨林的植被，配合枯木、沙、石、藤蔓等材料，营造出以模拟热带雨林生态系统为主题的造景缸。它是热带雨林景观在寻常百姓家中的缩影，为我们的日常生活环境增添生机、净化空气。它更是一幅立体的雨林景观画面，是人们心神向往的美妙境地。

神秘的热带雨林植被种类丰富多彩，它们不仅仅是只有开花才有艳丽的色彩，许多植被的叶子、茎秆颜色也是出奇的美丽。但是，因为这些植物喜温暖高湿，又怕涝。所以，一般非热带地区的室、内外环境很难满足这些热带雨林植物的生长环境，人们只有在雨林缸中模拟营造出它们赖以生存的环境，才能使它们正常生长、开花。

有时，为了让景观更加生动，也可在缸中饲养一些小型动物，比如鱼类、昆虫、蜥蜴、蛙类等，雨林缸养这些小动物一般是不会有臭味的，因为整个雨林缸内就是一个完整的生态循环系统，比如缸里的植物为动物提供了栖身之处和新鲜的氧气，动物的粪便被微生物分解后直接被植物吸收。

为了维持雨林缸中相对高湿度的小环境，雨林缸一般采用封闭或半封闭式的结构，而且为了满足一部分对生长环境要求比较高的动植物，雨林缸中也需要安装光照、通风、温湿度控制等辅助设备。

雨林缸可以说是新时代的一种高科技盆栽，它利用各种辅助设备，人工创建雨林生态系统，为人们喜爱的植物提供适合生存的环境。它不仅对设备要求高，制作者本人也需要有一定专业水平的植物学知识，才能甄选出适合在雨林缸中生长而且美观的植物品种。缸中高中低位置该种哪种植物？喜光、喜阴、喜水、喜潮、中性的植物分别放哪个位置？都需要拿捏准确，因为这直接影响到今后整个雨林缸的养护工作和植物的成活。有时，一株植物的定植位置相差 0.5 厘米，就决定它的死活，所以，制作雨林缸者掌握一些雨林植物知识是非常重要的。

雨林缸里，一般来说可以栽植各种各样的热带雨林植物，但最易引人注目的是色彩斑斓的积水凤梨。积水凤梨这类植物在原产地是附生在雨林植物或岩石峭壁的顶端，直接接受强烈光照。光照越强，叶片彩色越鲜艳，但却不会因暴晒而失水，因为它的叶心自然形成一个“小水池”，能储存一些水，因此，人工养殖时，养护也很方便，不需要经常浇水，还能调节室内湿度。

近年来，热带雨林缸越来越受人们的青睐，雨林缸逐渐走入千家万户，大型雨林缸还用作酒店、企业、店铺的装饰品。当你打开雨林缸的玻璃门，一股森林的气息会扑面而来，当兰花开放时，花香四溢，沁人心脾，若有客来，定会惊叹。这样的一个雨林缸，绝对会令观者难以忘怀。

3.2.2　雨林缸的结构

一个标准的雨林缸主要有以下结构：①玻璃缸体（包含排水孔、穿线孔、通风口），②储水层，③种植介质层，④地面植被层，⑤上层植物层（主景），⑥顶层（即设备层，包含光照设备、温控设备、加湿设备）。

3.2.3　雨林缸的制作步骤

（1）缸体选择 / 制作

雨林缸的缸体通常是选用透明度高、质量好的玻璃来制作，常用的有浮法玻璃、超白玻璃。缸体大小则根据摆放场所来决定，玻璃的厚度和通风口的大小则由缸体的大小来决定，排水口也是不可缺少的。市面上也有出售现成的雨林缸体，购买时需注意是否有前部通风口、排水孔，缝隙是否漏水，管路孔、缸体尺寸这些条件是否达标。在缸顶抽风机的带动下，空气从前部通风口的进气网进入缸体，再从缸顶排出，使缸内空气流通。排水孔则是为了排出缸底的积水。

（2）安放背景板

背景板可以使用蛇木板、树皮或者使用发泡剂制作，也可以选择方便的成品 PU 背景板，切割成合适的尺寸来使用。大型雨林缸的背景可以用钢筋水泥做出假山，效果更好，当然这需要相当高的制作技术水平。

（3）制作储水层

储水层是雨林缸的基础结构。这个结构可以是一层格子板架空的空间，或者是火山岩、陶粒、小石子。高度为3厘米左右。储水层的作用是储存一部分水，并且使陆地部分和这部分水不产生直接接触，以防止陆地部分的土壤介质含水量过高。储水层还可以容纳喷淋设备下渗的多余水分。做好储水层后，最好再铺一层纱网或无纺布，防止上一层的介质进入，堵塞排水孔。

（4）调配种植基质

种植基质应位于储水层上部，是种植地面植物的土壤基质。由于雨林缸是密闭环境，湿度较高，因此种植土壤应选用疏松、透气的基质来调配，尽量选择颗粒基质，比如水草泥、赤玉土、鹿沼土等，混入少量的草炭土、树皮、粗颗粒河沙或珍珠岩即可。种植时，需要往基质中喷水，喷到手捏基质能成团但不渗出水分的程度为止。

（5）摆放主景骨架

骨架应选择便于植物生根附着的材料，可以选择枯木、沉木、藤条、杜鹃根等不易腐烂的植物根进行切割、粘接，按照美学规则调出错落有致、自然协调的主景骨架，并辅以松皮石、石英石等石材做搭配。

（6）种植上层植物（主景）

种植上层植物是关键的一步，是整个雨林缸的主体景观，种植效果直接影响到整个缸的美观和档次。上层植物层大部分采用附生植物，它们是雨林植物的典型代表，而积水凤梨是首选植物。积水凤梨喜欢光线较强的地方，所以尽量将它们种植在最上层，且保持叶心积水，种植时应当将植株正直固定，根部基质与附着物绑紧，避免歪斜。空气凤梨是在70%～80%的室内空气湿度下就可以生长的，不需要太多的喷淋，同时，若需要喷淋时应避开正面喷淋。在枝杈的交界处可以种一些蕨类植物。另外可以搭配的附生植物有苔藓、薜荔、球兰类以及各种附生类型的兰花、雨林附生仙人掌等。这些附生植物可以采用细鱼线、铁丝绑扎在附着物上，空气凤梨通常采用热熔胶粘接固定。最后用苔藓覆盖绑线位置及其他裸露的附着物，以达到自然美观的效果。

（7）种植地被植物

可以用作地面植被的植物品种很多，常见的种类有苔藓类、蕨类、彩叶草、秋海棠类、竹芋类、粗肋草类等。地面植物不宜过高，越是低矮的品种越好，并且选择的植物品种最好是有一定的耐涝能力。因空间有限，对这些植物也要定期修剪。尽量将植被上的杂质处理干净，有根的植物尽量带原土种植，这样成活率相对较高。

种植时应按照布景的规则分前景、后景来种植，低矮的植物种在前面，高的植物种在后面，前低后高可以营造出富有层次感的景观效果。

（8）顶层设备安装

顶层就是缸体的最上面，需根据缸内的环境要求安放不同的设备，比如喷淋、灯光、通风、温控等。这些设备最好加装有定时设置装备，这样会让日常养护变得更简单，常用的有手机智能控制定时器、电子定时器、机械定时器，也有些喷淋和光照设备本身会自带有定时系统。因上层植物层是附生在沉木、背景板或石块上的附生植物，所以需要喷淋系统来给这些植物补充水分，并且维持缸中必要的湿度。

光照和通风也是必不可少的，众所周知，植物的正常生长需要光来进行光合作用，但是家中的雨林缸一般是在室内，自然光线不足，因此需要增设补光设备。目前市面上可用于植物生长的补光设备有金属卤素灯、荧光灯、LED 灯等。

通风设备通常选用电脑风扇配直流变压器来排风换气，长时间不通风会造成缸内真菌、细菌繁殖过度，出现局部发霉、植物腐烂等情况。相对湿度控制在 70% ～ 90% 之间，温度控制在 18 ～ 28℃之间。

当然，这些设备的大小与数量也都是需要根据缸体的大小来决定的。需要注意的是，要让喷淋系统的喷头对着背景板喷，而不要对着底层喷，少数对着上层植物喷。还有，单一的电光源会导致底层部分植物被遮挡住光线，所以应选用多点式光源，来改善光线不足的问题。

（9）调试设备

造景完成后必须对所有设备进行调试，确认实时监控设备和光照、喷淋的位置是否合适，是否能正常工作。

3.2.4　雨林缸造景常用的植物介绍

雨林缸内上层、中层、下层这三个位置的湿度、温度、光照量各不相同，应根据植物的习性选择相对适应的植物种类。

3.2.4.1　上层植物

（1）积水凤梨与空气凤梨

积水凤梨生命力较强，体态雍容华丽，无可置疑是上层植物的最佳选择，可以附生在枯木上，或栽植于相应的介质上。

空气凤梨是多年生草本植物，小型种居多，生长缓慢。叶片有绿、白、灰、蓝、红、紫等颜色。它们无须土壤基质种植，也不是水生植物，只需要一定的空气湿度就可以生长，但是生长环境也需要通风，不能闷养，所以，将它们放在排风扇附近是最合适的。

雨林缸上层常用积水凤梨见附录五彩凤梨属所示图片；雨林缸上层常用植物空气凤梨见图 3-2-4-1 ～图 3-2-4-8。

图 3-2-4-1　霸王

图 3-2-4-2　白毛毛

图 3-2-4-3　狐狸尾巴

图 3-2-4-4　福果精灵

图 3-2-4-5　美杜莎与墨西哥精灵

图 3-2-4-6　松萝凤梨（老人须）

图 3-2-4-7　三色宝石

图 3-2-4-8　万汉精灵

（2）兰科植物

兰科植物喜温暖湿润，可栽植于疏松肥沃、排水性好的微酸性土壤，也可以附生于树干、墙壁上。兰科植物的根是肉质的，不能一直湿润，否则会导致烂根，养护过程中根部要有干湿交替。在雨林缸里，常用的种植基质是水苔和木屑。开花类的兰花，在喷淋的影响下花凋谢得很快，所以要入缸的兰花，尽量选择观叶或观根的兰花品种。常用的品种有兜兰类、万代兰、鼓槌石斛、树兰、鹤顶兰、铁皮石斛兰、报春石斛兰、蝴蝶兰、石豆兰、万代兰、指甲兰、单叶厚唇兰、凌唇毛兰、棒叶鸢尾兰、圆叶匙唇兰、齿叶兰等。

雨林缸上层常用兰科植物见图 3-2-4-9 ～图 3-2-4-16。

图 3-2-4-9　兜兰“绿魔帝”

图 3-2-4-10　鹤顶兰

图 3-2-4-11　蝴蝶兰

图 3-2-4-12　卡特兰

图 3-2-4-13　石斛兰“泼墨”

图 3-2-4-14　跳舞兰

图 3-2-4-15　开花的铁皮石斛

图 3-2-4-16　万代兰

3.2.4.2　中层植物

（1）蕨类植物

蕨类植物通常生长于林下潮湿的半阴环境，或野外石壁、溪边、墙缝，或附生于树干，畏强光和寒冷。喜肥沃疏松排水性好的土壤。常用的品种有鸟巢蕨、肾蕨、金毛狗蕨、狼尾蕨、凤尾蕨、富贵蕨、鹿角蕨、福建观音座蕨、苏铁蕨、翠云草、长生铁角蕨、槲蕨、抱石蕨、圆叶伏石蕨、铁线蕨、苏铁蕨等。

雨林缸中层常用蕨类植物见图 3-2-4-17 ～图 3-2-4-25。

图 3-2-4-17　翠云草

图 3-2-4-18　富贵蕨

图 3-2-4-19　观音座蕨

图 3-2-4-20　狼尾蕨

图 3-2-4-21　鸟巢蕨

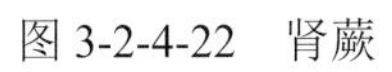

图 3-2-4-22　肾蕨

图 3-2-4-23　苏铁蕨

图 3-2-4-24　铁线蕨

图 3-2-4-25 银脉蕨

（2）爬藤植物

大部分爬藤植物的生长速度较快，雨林缸的空间有限，所以尽量选择生长缓慢的种类。常用的品种有小型球兰、抱树莲、眼树莲等，常春藤、花叶常春藤等大型藤本植物可用于大型雨林缸。

雨林缸中层常用爬藤植物见图 3-2-4-26、图 3-2-4-27。

图 3-2-4-26　抱树莲

图 3-2-4-27　花叶常春藤

（3）天南星科植物

该科大部分为阴生植物，常见的有花叶万年青属、广东万年青属、合果芋属、喜林芋属、崖角藤属、苞叶芋属、龟背竹属、海芋属、花烛属、花叶芋属、马蹄莲属、麒麟叶属等，种类繁多，颜色多变，有的喜临水生长，有的蔓生性强，较适合作为雨林景观的中层植物，无论是缸内种植还是地栽，都能为雨林景观增添靓丽的风景。常用的品种有如意粗肋草、小斑马、银后粗肋草、翠叶粗肋草、白柄粗肋草（白雪公主）、花叶万年青、红宝石喜林芋、小天使喜林芋（佛手蔓绿绒）、心叶蔓绿绒（青苹果）、海芋（滴水观音）、观音莲、红掌、绿掌、白掌、密林丛花烛（森林之王）（学名 *Scientific name*）、五彩合果芋、绿叶红脉合果芋、白叶红脉合果芋、白叶绿脉合果芋、花叶合果芋、粉蝶合果芋、老虎须（箭根薯）、龟背竹等。

雨林缸中层常用天南星科植物见图 3-2-4-28 ～图 3-2-4-45。

图 3-2-4-28　白叶绿脉合果芋

图 3-2-4-29　绿叶红脉合果芋

图 3-2-4-30　五彩合果芋

图 3-2-4-31　粉蝶合果芋

图 3-2-4-32　花叶合果芋

图 3-2-4-33　老虎须

图 3-2-4-34　老虎须开花

图 3-2-4-35　观音莲

图 3-2-4-36　翠叶粗肋草

图 3-2-4-37　孔雀竹芋

图 3-2-4-38　如意粗肋草

图 3-2-4-39　双线竹芋

图 3-2-4-40　玛丽安粗肋草

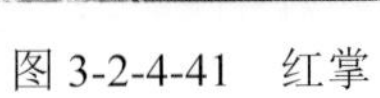
图 3-2-4-41　红掌

图 3-2-4-42　粉掌

图 3-2-4-43　迷你龟背竹

图 3-2-4-44　小天使喜林芋（佛手蔓绿绒）

图 3-2-4-45　密林丛花烛（森林之王）

（4）秋海棠属

该属植物生长在湿度较大的林下或沟谷地带、岩石缝隙中。常用的品种有白点秋海棠、火焰秋海棠、银星秋海棠、蟆叶秋海棠、铁十字秋海棠、虎斑秋海棠、银翠秋海棠等。

雨林缸中层常用植物秋海棠属见图 3-2-4-46 ～图 3-2-4-52。

图 3-2-4-46　非洲丛林秋海棠

图 3-2-4-47　花叶秋海棠

图 3-2-4-48　晚秋红秋海棠

图 3-2-4-49　火焰秋海棠

图 3-2-4-50　铁十字秋海棠

图 3-2-4-51　晚霞秋海棠

图 3-2-4-52　竹节秋海棠

（5）天门冬属

该属植物喜温暖湿润和半阴环境，畏寒畏涝。喜肥沃、排水性好的沙质土壤。

雨林缸中层常用植物天门冬属见图 3-2-4-53 ～图 3-2-4-55。

图 3-2-4-53　狐尾天门冬

图 3-2-4-54　蓬莱松

图 3-2-4-55　文竹

（6）吊兰属

该属植物喜湿润温暖的环境，有一定的抗旱能力，可临水种植。

雨林缸中层常用植物吊兰属见图 3-2-4-56。

图 3-2-4-56　金边吊兰

（7）莎草属

该属植物喜温暖、湿润的环境，适应性强，对土壤要求不严格，以保水性好的肥沃土为宜。沼泽地及长期积水地也能生长良好。

雨林缸中层常用植物莎草属见图 3-2-4-57。

图 3-2-4-57　旱伞草

（8）金脉爵床

该类植物喜温暖潮湿的环境。雨林缸中层常用植物金脉爵床见图 3-2-4-58。

图 3-2-4-58　金脉爵床

3.2.4.3　下层植物

（1）苦苣苔科植物

全科有多种具有药用价值的种类，如苦苣苔，具有解蛇毒的功效，常用于治疗毒蛇咬伤。它们喜欢潮湿的环境，有散射光照就能开花，适合种在雨林缸的底部。

（2）嫣红蔓属、网纹草属

这两类草低矮紧凑，色彩斑斓。喜半阴或散射光照的湿润环境。

雨林缸下层常用植物嫣红蔓属、网纹草属见图 3-2-4-59、图 3-2-4-60。

图 3-2-4-59　网纹草

图 3-2-4-60　嫣红蔓草（彩叶草）

（3）草胡椒属

喜温暖湿润的半阴环境，很好养护。常用的品种有圆叶椒草、红叶椒草、豆瓣绿、花叶椒草、皱叶椒草、迷你椒草等。

雨林缸下层常用植物草胡椒属见图 3-2-4-61 ～图 3-2-4-63。

图 3-2-4-61　红叶椒草

图 3-2-4-62　圆叶椒草

图 3-2-4-63　皱叶椒草

（4）食虫植物

食虫植物是一种会捕获并消化动物而获得营养的植物，它包含瓶子草属、猪笼草属、捕虫堇属、茅膏菜属、露松属、腺毛草属、穗叶藤属、捕蝇幌属和贝尔特罗嘉宝凤梨（*Catopsis berteroniana*）、瘦缩布罗基凤梨（*Brocchinia reducta*）等。在雨林缸内植入瓶子草、茅膏菜等食虫植物，对抑制小昆虫有很好的效果。食虫植物大多生长于沼泽，因此它们的正常生长需要较高的空气湿度。适合种植食虫植物的基质有水苔、泥炭、珍珠岩、椰壳等。所有的食虫植物都必须使用软水浇灌，如雨水、蒸馏水、反渗透去离子水等。因自来水中含有大量的矿物质（尤其是钙盐），钙盐会沉淀下来，影响植物成活及正常生长，所以绝不可使用自来水浇灌。常用的品种有捕虫堇、捕蝇草、茅膏菜、瓶子草、猪笼草等。

雨林缸下层常用食虫植物见图 3-2-4-64 ～图 3-2-4-80。

图 3-2-4-64　捕蝇草

图 3-2-4-65　阿帝露茅膏

图 3-2-4-66　爱兰捕虫堇

图 3-2-4-67　爱丽丝茅膏菜

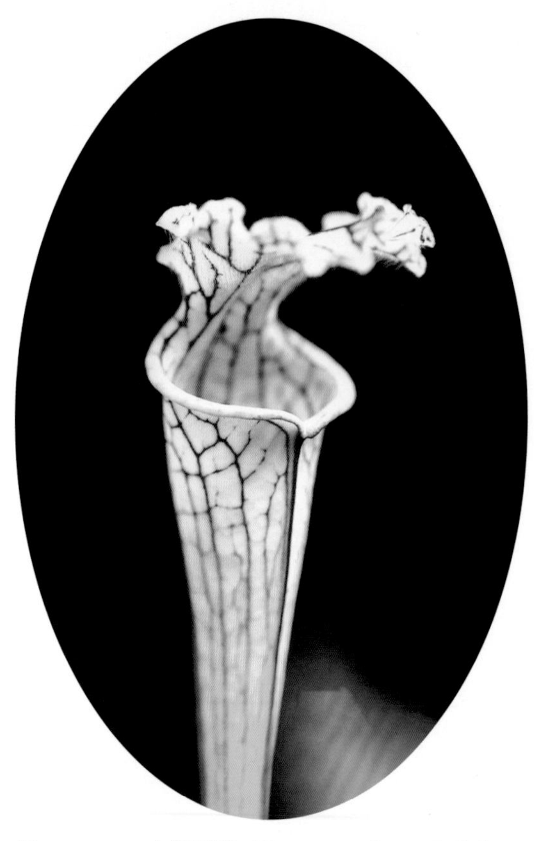

图 3-2-4-68　白瓶子草（*Sarracenia leucophylla*）

图 3-2-4-69　查尔逊瓶子草

图 3-2-4-70　弗洛里捕虫堇

图 3-2-4-71　锦地罗茅膏菜

图 3-2-4-72　好望角（白）茅膏菜

图 3-2-4-73　禾叶狸藻

图 3-2-4-74　巨夹捕蝇草

图 3-2-4-75　食人鱼捕蝇草

图 3-2-4-76　苹果捕虫堇

图 3-2-4-77　小白兔狸藻

图 3-2-4-78　鹦鹉瓶子草

图 3-2-4-79　朱迪思瓶子草

图 3-2-4-80　紫色瓶子草

（5）冷水花属

该属植物喜温暖、湿润的半阴环境，忌阳光直射，对土壤要求不高。常用的品种有小叶冷水花、花叶冷水花、波缘冷水花、皱叶冷水花、泡叶冷水花、圆瓣冷水花等。

雨林缸下层常用植物冷水花属见图 3-2-4-81。

图 3-2-4-81　花叶冷水花

（6）金线莲

该类植物喜阴凉、潮湿，尤其喜欢生长在有常绿阔叶树木的沟边、石壁、土质松散的潮湿地带。

雨林缸下层常用植物金线莲见图 3-2-4-82。

图 3-2-4-82　金线莲

（7）虎舌红

该类植物喜温暖半阴环境，土壤以腐叶土、泥炭土和沙质土壤为宜。

雨林缸下层常用植物虎舌红见图 3-2-4-83。

图 3-2-4-83　虎舌红

（8）石松

该类植物生于低海拔林缘、稀疏林下、路边、山坡及草丛间。喜温暖湿润，耐阴、耐旱、不抗严寒。

（9）还魂草

该类植物既耐寒又耐潮湿，生于岩石，分布于全国大部分地区。据说可用于辅助治疗鼻咽癌。

雨林缸下层常用植物还魂草（卷柏 *Volume* BaiQuan *grass*）见图 3-2-4-84。

图 3-2-4-84　还魂草

（10）苔藓类

苔藓种类繁多，在雨林缸种植中可以说是百用不厌。它们喜欢半阴、潮湿的环境。常用的品种有大雨藓、大灰藓、白发藓、金发藓、短绒小叶鼠尾苔藓等。

（11）草坪植物

雨林造景选用的草坪植物是一些在湿地上生长或水中生长的种类。常用的品种有禾叶狸藻、矮珍珠、迷你矮珍珠、天胡荽、鹿角苔、绿球藻、牛毛毡、菖蒲、姬菖蒲、黄金姬菖蒲等。

雨林缸下层常用草坪植物见图 3-2-4-85 ～图 3-2-4-87。

图 3-2-4-85　黄金姬菖蒲

图 3-2-4-86　姬菖蒲

图 3-2-4-87　玉龙草

（12）水生植物

常用的水生植物有一叶莲、槐叶萍、狐尾藻、凤眼蓝、大薸、宝塔草、碗莲、苦草、黑藻、金鱼藻、黄花荚、细叶蜈蚣草、太阳水草、辣椒榕（能在水中开花的植物）、珊瑚莫丝、火焰莫丝、宫廷草、铁皇冠、细叶铁皇冠、水兰、血心兰、竹节草、水榕等。

雨林缸下层常用水生植物见图 3-2-4-88 ～图 3-2-4-92。

图 3-2-4-88　槐叶萍

图 3-2-4-89　黄花菱（1）

图 3-2-4-90　黄花菱（2）

图 3-2-4-91　大薸

图 3-2-4-92　一叶莲

3.2.5　雨林缸的养护

（1）初期养护

雨林缸造景完成后，首次浇水要喷足，初期几天多观察缸内湿度情况，适当对喷淋系统进行微调，以达到最好的喷淋频率和喷淋时长，并且将缸顶封闭起来，保持缸内较高的空气湿度。但是不能长时间封闭，每隔 5 ～ 6 小时必须开启排风扇进行通风换气。用秒计定时器设定喷淋次数，一天喷 5 ～ 6 次，清晨和夜晚喷久些，因为热带雨林地区经常是集中在这两个时段下雨的。其他时段隔几小时喷 10 秒左右（具体根据自家环境而定）。光照也应该适当减弱，因为这个阶段的植物尚未恢复生理机能，所以如果照明全开既浪费资源，也会对恢复期的植物造成压力。比较恰当的做法是初期几天先使用全部照明的 50%，每天照明时间 4 ～ 5 小时，然后用 8 ～ 12 天的时间慢慢过渡到 80%，每天照明 7 ～ 8 小时，在半个月后，感觉植物明显“精神”后恢复全光照，每天光照 10 ～ 12 小时，喷淋次数适当减少，每次喷淋后排风扇开启 10 ～ 15 分钟。刚做好的雨林缸，水体还是比较浑浊的，等过段时间后水体一般会自然清澈。养护一段时间后，部分不适应缸内环境的植物需更换或者调整位置。在适应期，苔藓可能会发黄，不要扔掉，之后一般根部会逐渐长出新芽。

（2）生长阶段养护

新的雨林缸造完大约 1 个月后，植物已逐渐适应缸内环境，开始生长。这时可以把缸内的湿度降低到 70% ～ 80%，适当增加通风时间，防止细菌、霉菌滋生。同时可以对某些植物进行适当修剪，摘除死亡的植物和枯枝烂叶，并且给缸内植物叶面喷洒液体肥，以氮、钾肥为主，促进生长。液体肥浓度宜淡不宜浓，最好是正常购买的液体肥料说明书中的使用浓度的一半。

（3）进入日常维护

雨林缸使用的设备，建议使用定时器以及温湿度控制器来控制，这样省力、省时。日常维护工作主要是给植物喷液肥、排除积水、定期擦拭缸壁、修剪过于茂密的植物以及对喷淋箱的水源的补充。喷淋的水最好是去离子水，就是矿物质含量低的“软水”，否则水滴干后容易在缸壁留下水渍、水垢。

养了动物的雨林缸，除了日常维护这些工作以外，还有动物的喂食以及动物过多的排泄物的清除等工作。

3.2.6　积水凤梨的选购问题

① 成株的积水凤梨叶片至少 4 轮以上，周身圆润。

② 叶子整齐，没有徒长。

③ 积水凤梨的颜色并不是一年四季都是艳丽的，会随着季节和光照、温差等因素的影响而改变。

④ 积水凤梨并不是颜色艳丽就说明状态好，因为积水凤梨到了成熟期会开花，并且展现出“婚姻色”吸引昆虫来授粉，这种情况的特征一般表现为发色不均，叶心明显鼓起，颜色浓郁。但是花期过后，进入到繁殖期，母株也会因为侧芽的生长而消耗营养，快速衰退，影响观赏，所以，选购时也要注意母株生长情况是否良好。

⑤ 邮寄积水凤梨时，要先晾干水分，否则包装起来会因气温高，导致闷伤、腐烂。

3.3 雨林缸造景实例赏析

3.3.1 北京李新峰雨林缸作品赏析

图 3-3-1-1 ～图 3-3-1-4 为北京李新峰雨林缸作品实例。

图 3-3-1-1　北京李新峰雨林缸作品（1）

图 3-3-1-2　北京李新峰雨林缸作品（2）

图 3-3-1-3　北京李新峰雨林缸作品（3）

图 3-3-1-4　北京李新峰雨林缸作品（4）

3.3.2　北京王明明雨林缸作品赏析

北京王明明雨林缸作品见图 3-3-2-1 ～图 3-3-2-4。

图 3-3-2-1　北京王明明雨林缸作品（1）

图 3-3-2-2　北京王明明雨林缸作品（2）

图 3-3-2-3　北京王明明雨林缸作品（3）

图 3-3-2-4　北京王明明雨林缸作品（4）

3.3.3　北京植物园热带雨林缸景观赏析

北京植物园热带雨林缸景观见图 3-3-3-1 ～图 3-3-3-4。

图 3-3-3-1　北京植物园热带雨林缸景观（1）

图 3-3-3-2　北京植物园热带雨林缸景观（2）

图 3-3-3-3　北京植物园热带雨林缸景观（3）

图 3-3-3-4　北京植物园热带雨林缸景观（4）

3.3.4　重庆蒋波雨林缸作品赏析

重庆蒋波雨林缸作品见图 3-3-4-1 ～图 3-3-4-4。

图 3-3-4-1　重庆蒋波雨林缸作品（1）

图 3-3-4-2　重庆蒋波雨林缸作品（2）

图 3-3-4-3　重庆蒋波雨林缸作品（3）

图 3-3-4-4　重庆蒋波雨林缸作品（4）

特别鸣谢单位：Keerati Charoenkit（泰国 Keerati Bromeliads 农场）

附录：常见五彩凤梨图

Neoregelia procerum

Neoregelia rio grande sur brasil

Neoregelia red fireball

Neoregelia caroline

Neoregelia chester

Neoregelia dyckia

Neoregelia derolf

Neoregelia sapiatibensis

Neoregelia zonata

Neoregelia annick

Neoregelia arabian night

Neoregelia carcharodon variegata

Neoregelia concentrica small

Neoregelia biger red

Neoregelia burle-marxii

Neoregelia dungsiana

Neo. valentine

Neoregelia amazonicum

Neo.inkwell reverse

Neoregelia albiflorum

Neoglaziovia pauciflora

Neoregelia var. *purpureum*

Neoregelia dyckia

Neoregelia fosteriana

Neoregelia tossed salad

Neoregelia var. *lineatum*

Neoregelia kahala dawn

Neoregelia correia-araujoi

Neoregelia cyanea

Neoregelia red tiger

Neoregelia shell dance

Neoregelia edmundoa

Neoregelia fascicularia

Neoregelia innocentii

Neoregelia kahala down pink

Neoregelia kahala down red

Neoregelia lila

Neoregelia linehamii

Neoregelia fuego anchc

Neoregelia new zeo

Neoregelia mephisto

Neoregelia var. *wittmackianum*

Neoregelia round purple star

Neoregelia granada

Neoregelia maladou

Neoregelia olens

Neoregelia pauciflora

Neoregelia pendula var. *brevifolia*

Neoregelia midas

Neoregelia schultessiana

Neoregelia sister janet

Neoregelia macrosepala

Neoregelia tarapotoensis

Neoregelia ping tips

Neoregelia hechtia

Neoregelia rubens

Neoregelia tiger biger

Neoregelia voodoo doll

Neoregelia wilsoniana

Neoregelia yang

Neoregelia coimbrae

Neoregelia concentrica

Neoregelia carolinae

Neoregelia richteri

Neoregelia rubrovittata

Neoregelia rutilans

Neoregelia databtion

Neoregelia guttata

Neoregelia spectabilis variegata

Neoregelia fulgens

Neoregelia guzmania

Neoregelia fosterella

Neoregelia johannis

Neoregelia rnela2

Neo.pink on the inside